PLATONIC POLYHEDRONS

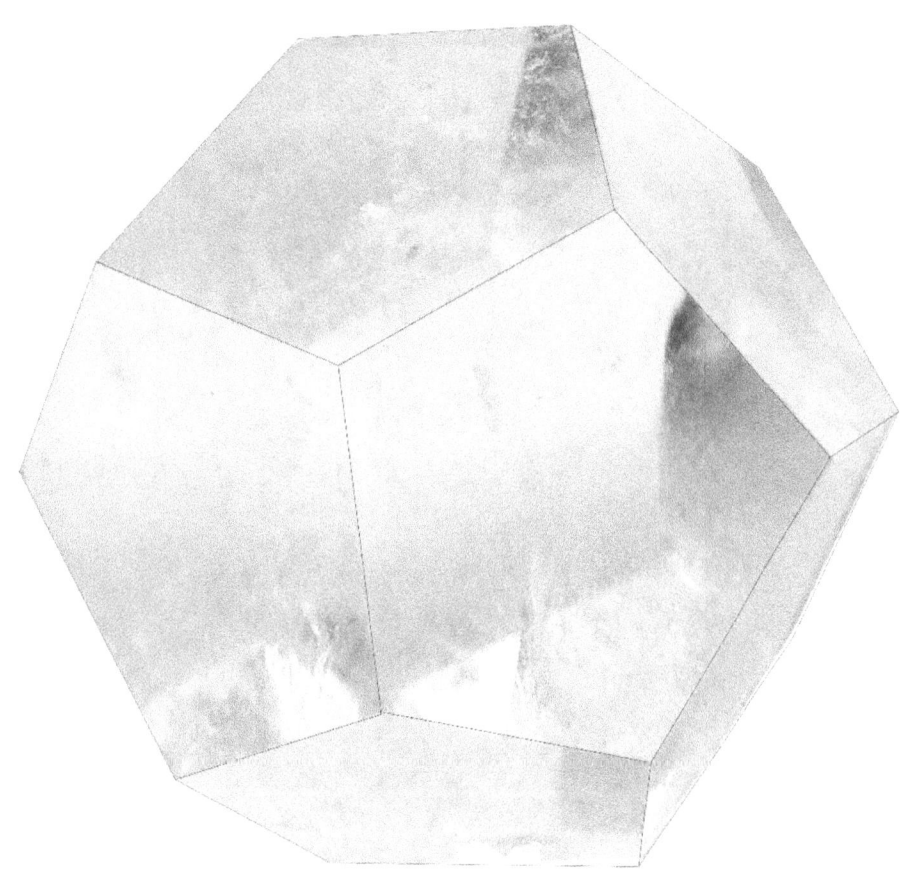

POLIEDROS PLATÓNICOS

BY

Antonio J. González-Fernández®

© **Copyright**

Author: Antonio J. González-Fernández®
Title: **PLATONIC POLYHEDRONS**
Subtitle: **POLIEDROS PLATÓNICOS**
Year: 2017

PRESENTATION

In three-dimensional geometry, a platonic solid is a convex regular polyhedron, made up of several regular and equal polygons in shape and size, therefore all sides are identical, all angles between edges are equal and the length of all its edges are constant.

There are only five perfect regular polyhedrons known as the Platonic Solids because the Greek philosopher Plato (427 –347 BC) was who studied them thoroughly and described them for science. They are: the **tetrahedron** (with 4 vertices, 6 edges and 4 triangular facets), the **hexahedron** or cube (with 8 vertices, 12 edges and 6 square facets), the **octahedron** (with 6 vertices, 12 edges and 8 triangular facets), the **dodecahedron** (with 20 vertices, 30 edges and 12 pentagonal facets) and the **icosahedron** (with 12 vertices, 30 edges and 20 triangular facets).

In this book you will find formulas to calculate the main dimensions of each of the Platonic solids or polyhedrons: the height, the surfaces of each facets and total, the total volume and the radius of the circumscribed, inscribed and middle spheres. Also find some pages to trim and build solids that can serve for educative purposes for children and youth or for decoration in your desk or library.

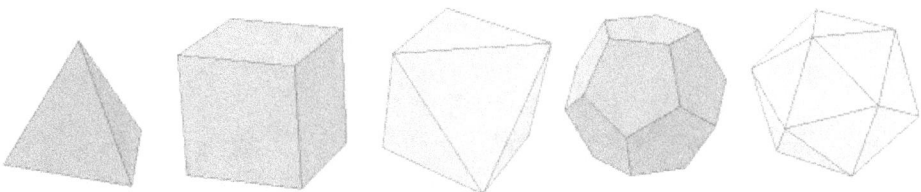

PRESENTACIÓN

En geometría tridimensional, un poliedro o un sólido platónico es un poliedro regular convexo, conformado por varios polígonos regulares e iguales en forma y tamaño, por lo tanto, todas sus caras son idénticas, todos sus ángulos entre aristas son iguales y la longitud de todas sus aristas es constante.

Existen solamente cinco poliedros regulares perfectos, conocidos como sólidos platónicos porque fue el filósofo griego Platón (427 – 347 AC) quien los estudió a fondo y los describió para la ciencia. Son ellos: el **tetraedro** (con 4 vértices, 6 aristas y 4 caras triangulares), el **hexaedro** o cubo (con 8 vértices, 12 aristas y 6 caras cuadradas), el **octaedro** (con 6 vértices, 12 aristas y 8 caras triangulares), el **dodecaedro** (con 20 vértices, 30 aristas y 12 caras pentagonales) y el **icosaedro** (con 12 vértices, 30 aristas y 20 caras triangulares).

En este pequeño libro vas a encontrar las fórmulas para calcular las principales dimensiones de cada uno de los sólidos o poliedros platónicos: la altura, la superficie de cada una de sus caras, la superficie total del sólido, el volumen y los radios de las esferas circunscrita, inscrita y medial. También encontrarás algunas páginas para recortar y construir los sólidos que pueden servir con fines educativos para niños y jóvenes o para adorno en un escritorio o biblioteca.

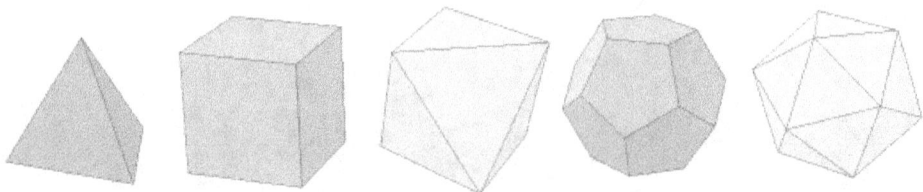

THE TETRAHEDRON

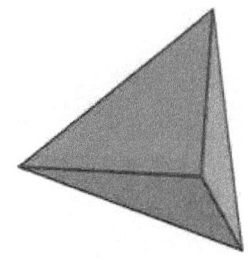

EL TETRAEDRO

The tetrahedron is constituted by four equilateral triangles, it has four vertices, six edges and four facets. In Sacred Geometry the tetrahedron symbolizes the Fire. Here are the formulas for a tetrahedron whose edges have length "a":

El tetraedro está constituido por cuatro caras o facetas que son triángulos equiláteros, tiene cuatro vértices, seis aristas y cuatro caras o facetas. En la Geometría Sagrada el tetraedro simboliza el Fuego. A continuación las fórmulas para un tetraedro cuyas aristas tienen longitud "a":

Face area
  Superficie de cada cara
$$A_0 = \frac{\sqrt{3}}{4} a^2$$

Total area
  Superficie total
$$A_T = \sqrt{3}\, a^2$$

Volume
  Volumen
$$V = \frac{\sqrt{2}}{12} a^3$$

Radius of the circumscribed sphere or circumsphere (passing through all the vertices).
  Radio de la esfera circunscrita (pasa por todos los vértices).
$$r_c = \frac{\sqrt{6}}{4} a$$

Radius of inscribed sphere or insphere which is tangent to the center of all faces.
  Radio de la esfera inscrita (tangente al centro de todas las caras).
$$r_i = \frac{\sqrt{6}}{12} a$$

Radius of the mid inscribed sphere or midsphere (tangent to the midpoints of each edge).
  Radio de la esfera media inscrita (tangente a los puntos medios de todas las aristas).
$$r_m = \frac{\sqrt{2}}{4} a$$

Height
  Altura
$$h = \frac{\sqrt{6}}{3} a$$

PLATONIC POLYHEDRONS – POLIEDROS PLATÓNICOS

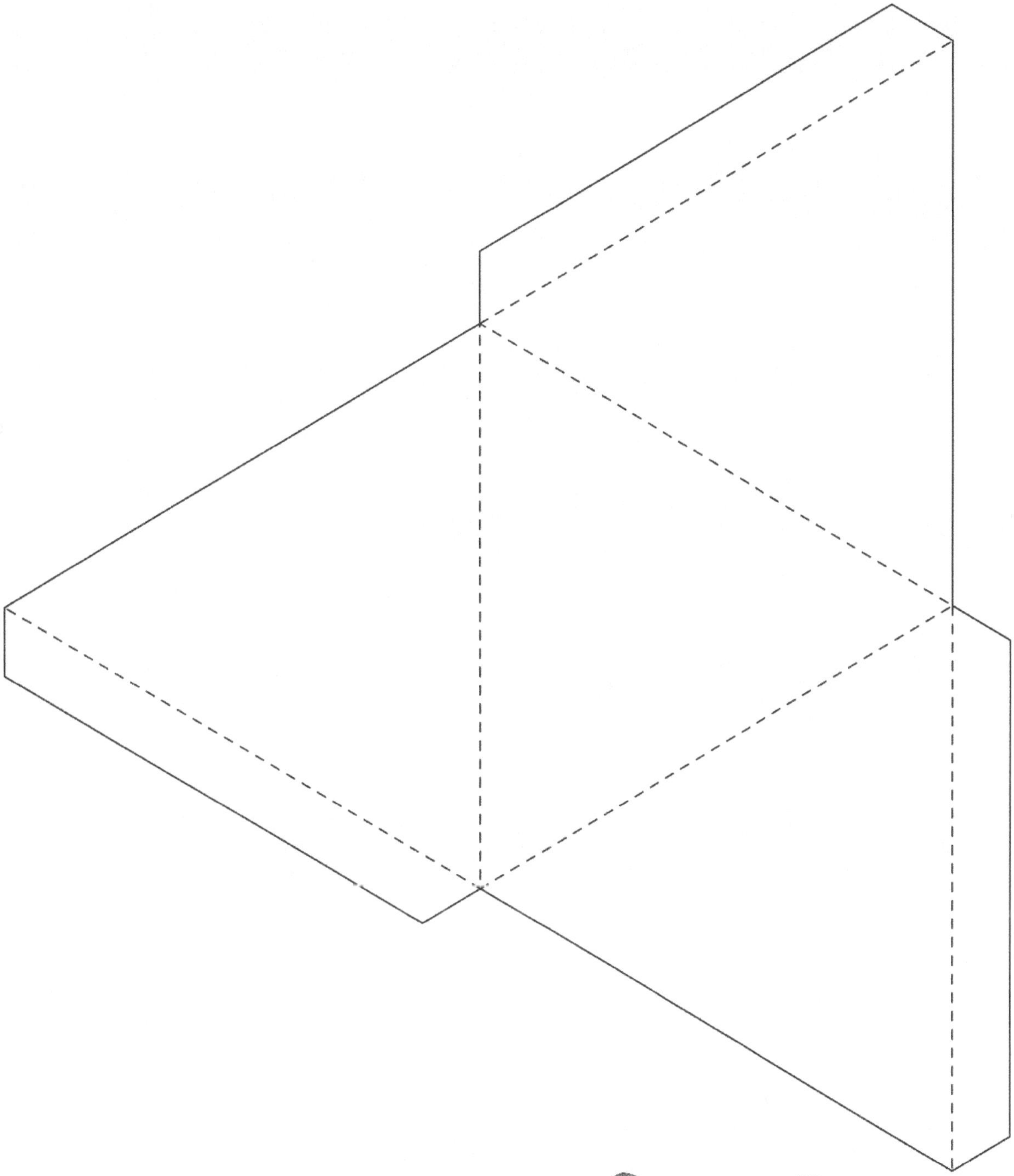

To cut / Cortar

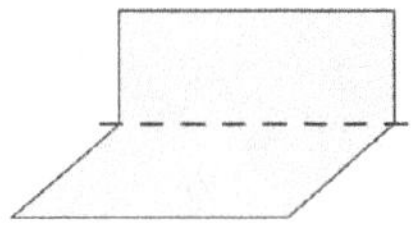

To fold / Doblar

PLATONIC POLYHEDRONS – POLIEDROS PLATÓNICOS

3

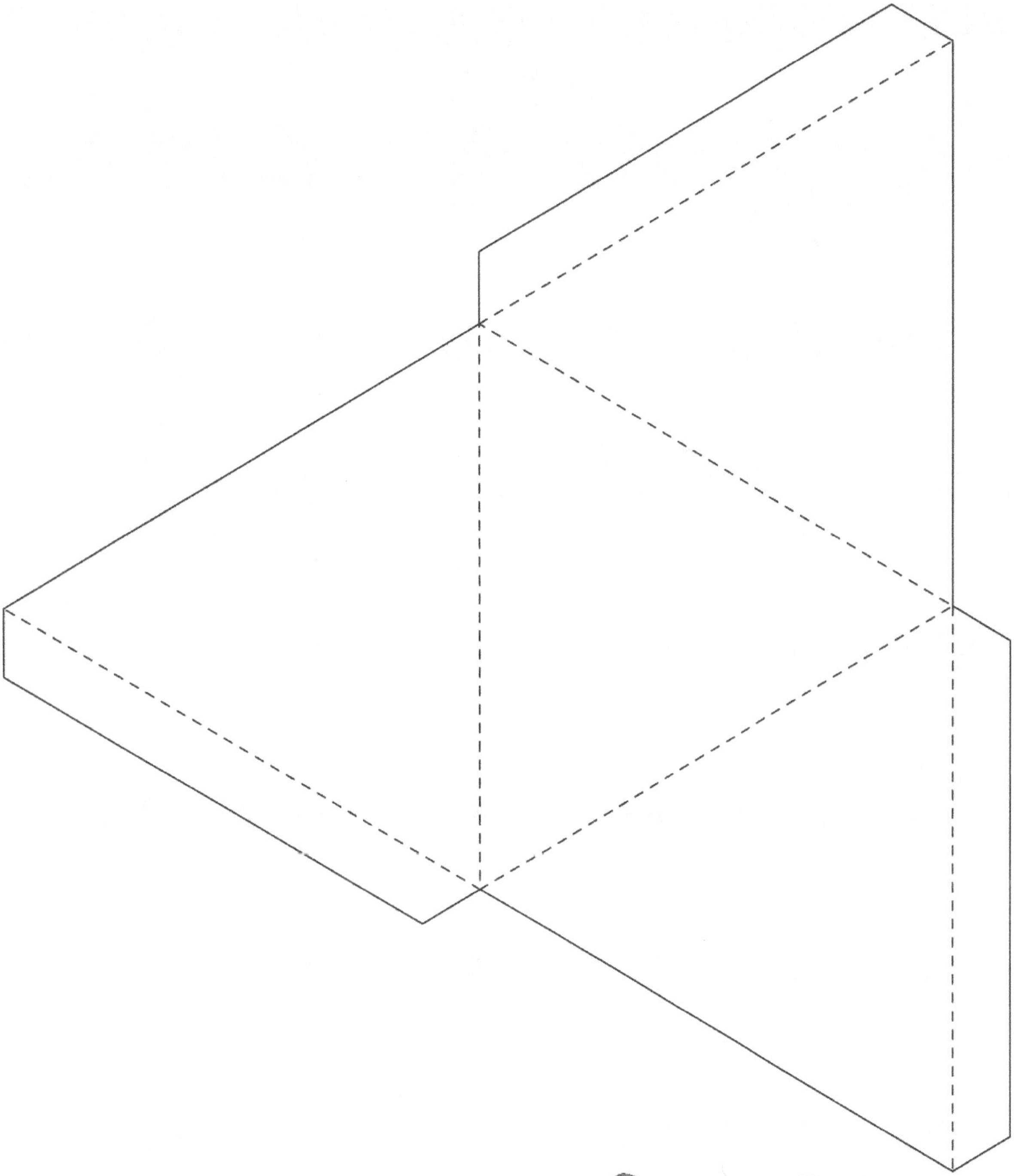

To cut
Cortar

To fold
Doblar

PLATONIC POLYHEDRONS – POLIEDROS PLATÓNICOS

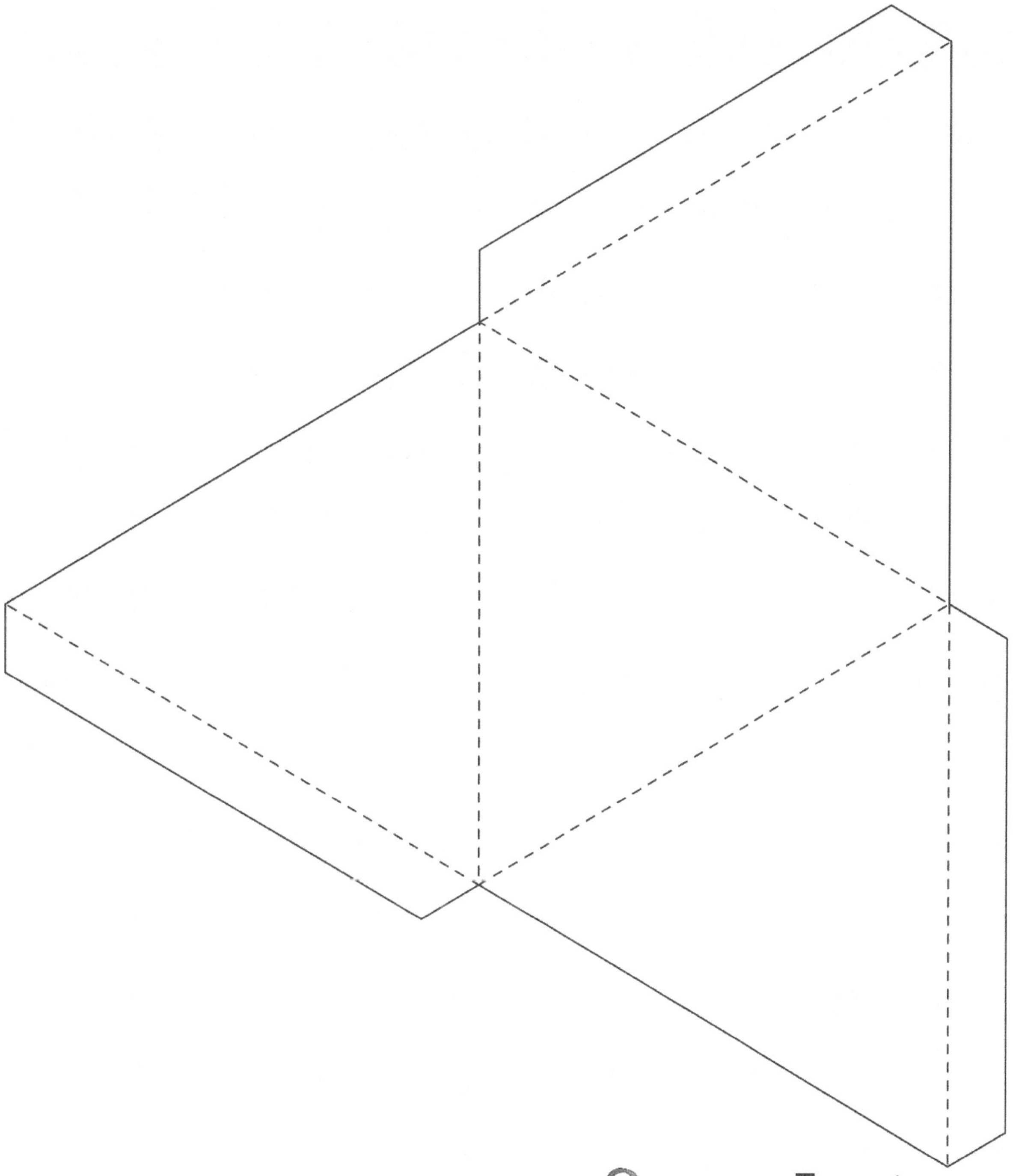

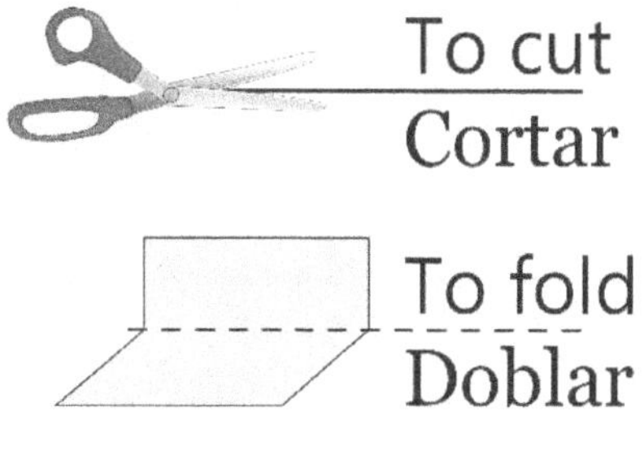

To cut
Cortar

To fold
Doblar

PLATONIC POLYHEDRONS – POLIEDROS PLATÓNICOS

THE HEXAHEDRON

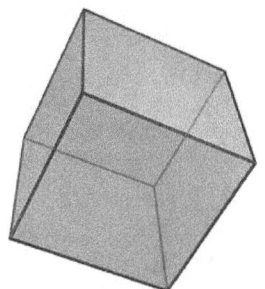

EL HEXAEDRO

The hexahedron or cube is constituted by six squares, it has eight vertices, twelve edges and six facets. In Sacred Geometry the tetrahedron symbolizes the Earth. Here are the formulas for a regular hexahedron whose edges have length "a":

El hexaedro o cubo está constituido por seis caras o facetas que son cuadrados, tiene ocho vértices, doce aristas y seis caras o facetas. En la Geometría Sagrada el tetraedro simboliza la Tierra. A continuación las fórmulas para un hexaedro regular cuyas aristas tienen longitud "a":

Face area
Superficie de cada cara
$$A_0 = a^2$$

Total area
Superficie total
$$A_T = 6\,a^2$$

Volume
Volumen
$$V = a^3$$

Radius of the circumscribed sphere or circumsphere (passing through all the vertices).
Radio de la esfera circunscrita (pasa por todos los vértices).
$$r_c = \frac{\sqrt{3}}{2}a$$

Radius of inscribed sphere or insphere which is tangent to the center of all faces.
Radio de la esfera inscrita (tangente al centro de todas las caras).
$$r_i = \frac{a}{2}$$

Radius of the mid inscribed sphere or midsphere (tangent to the midpoints of each edge).
Radio de la esfera media inscrita (tangente a los puntos medios de todas las aristas).
$$r_m = \frac{\sqrt{2}}{2}a$$

Height
Altura
$$h = a$$

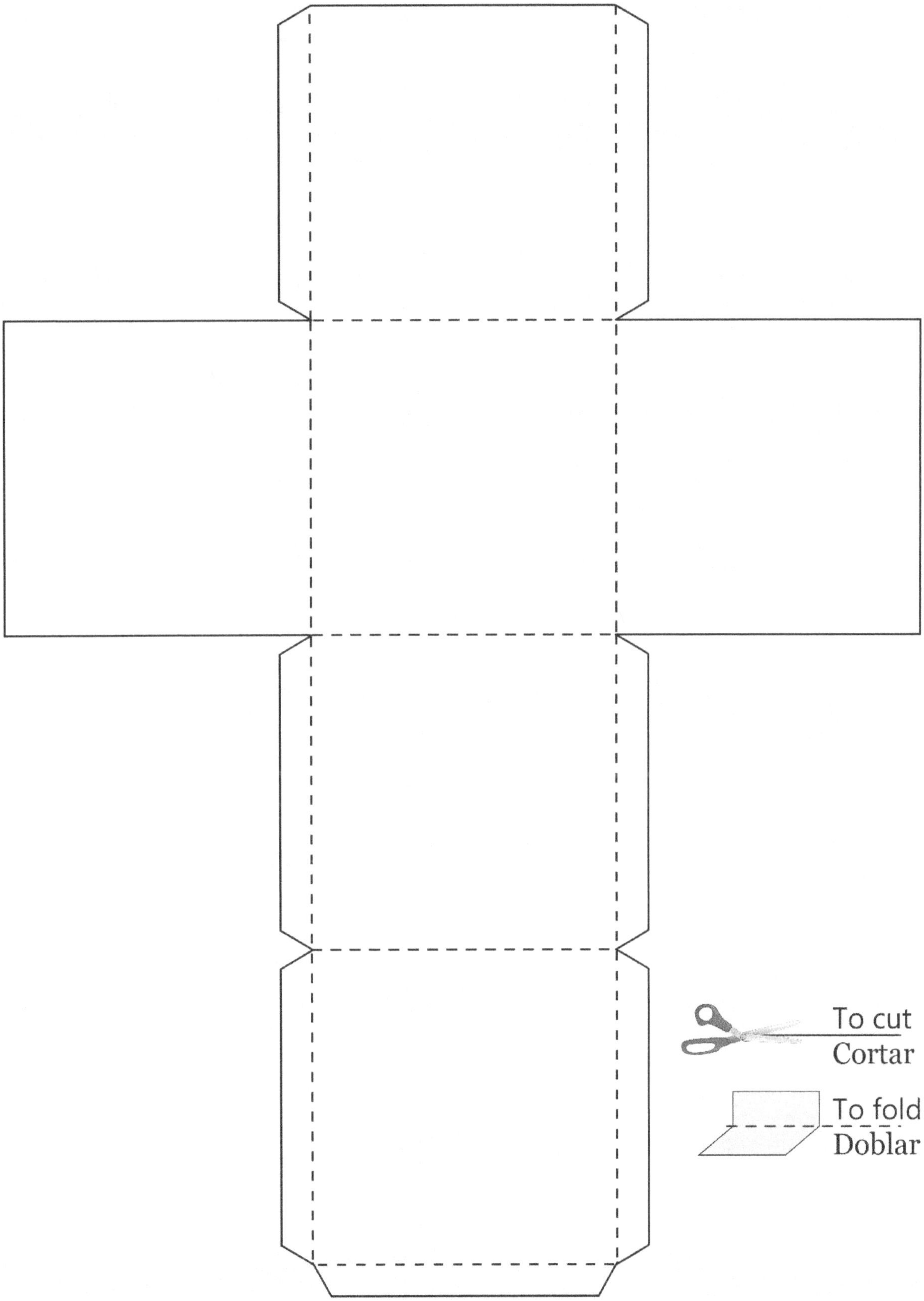

To cut
Cortar

To fold
Doblar

PLATONIC POLYHEDRONS – POLIEDROS PLATÓNICOS

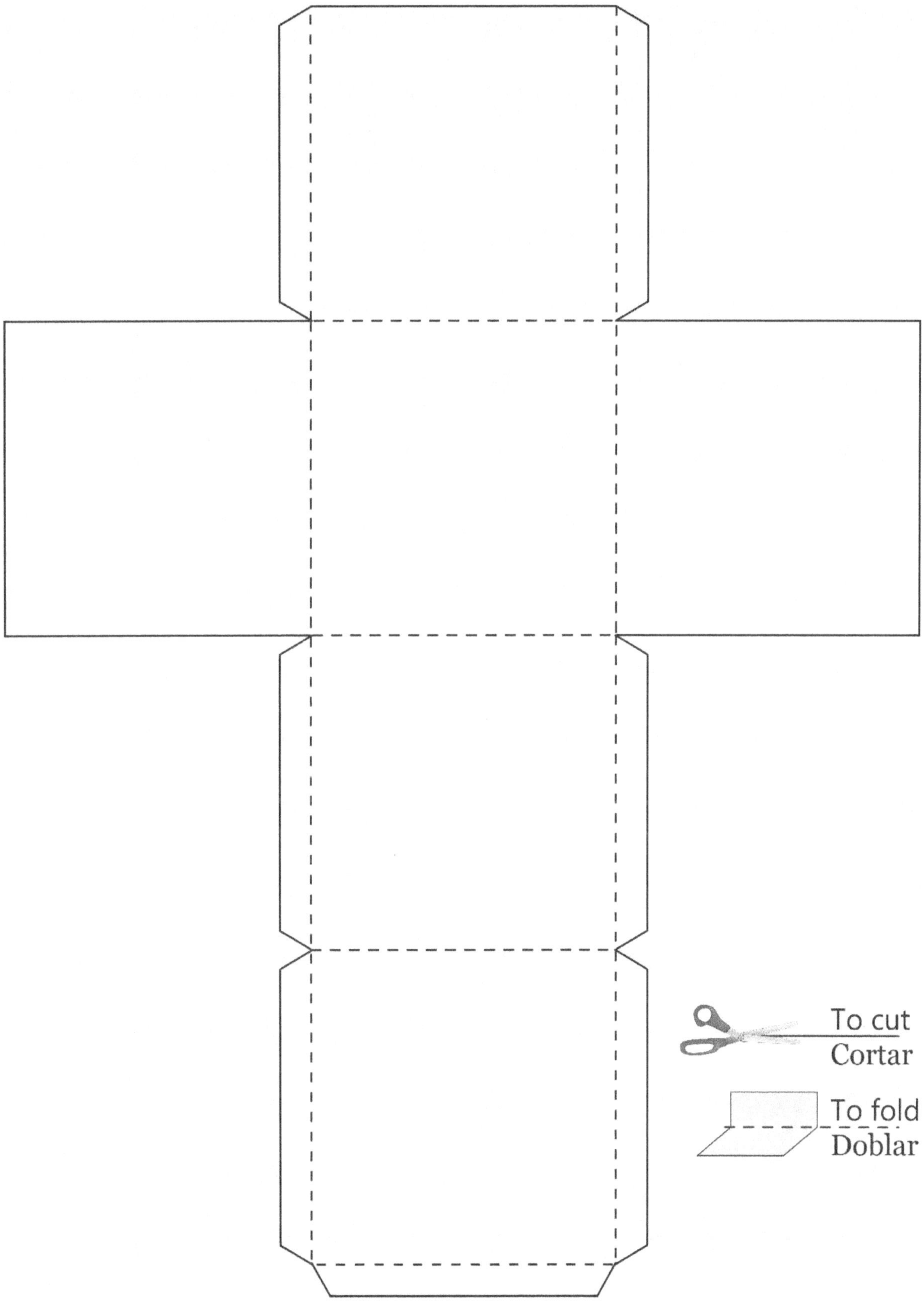

To cut
Cortar

To fold
Doblar

PLATONIC POLYHEDRONS – POLIEDROS PLATÓNICOS

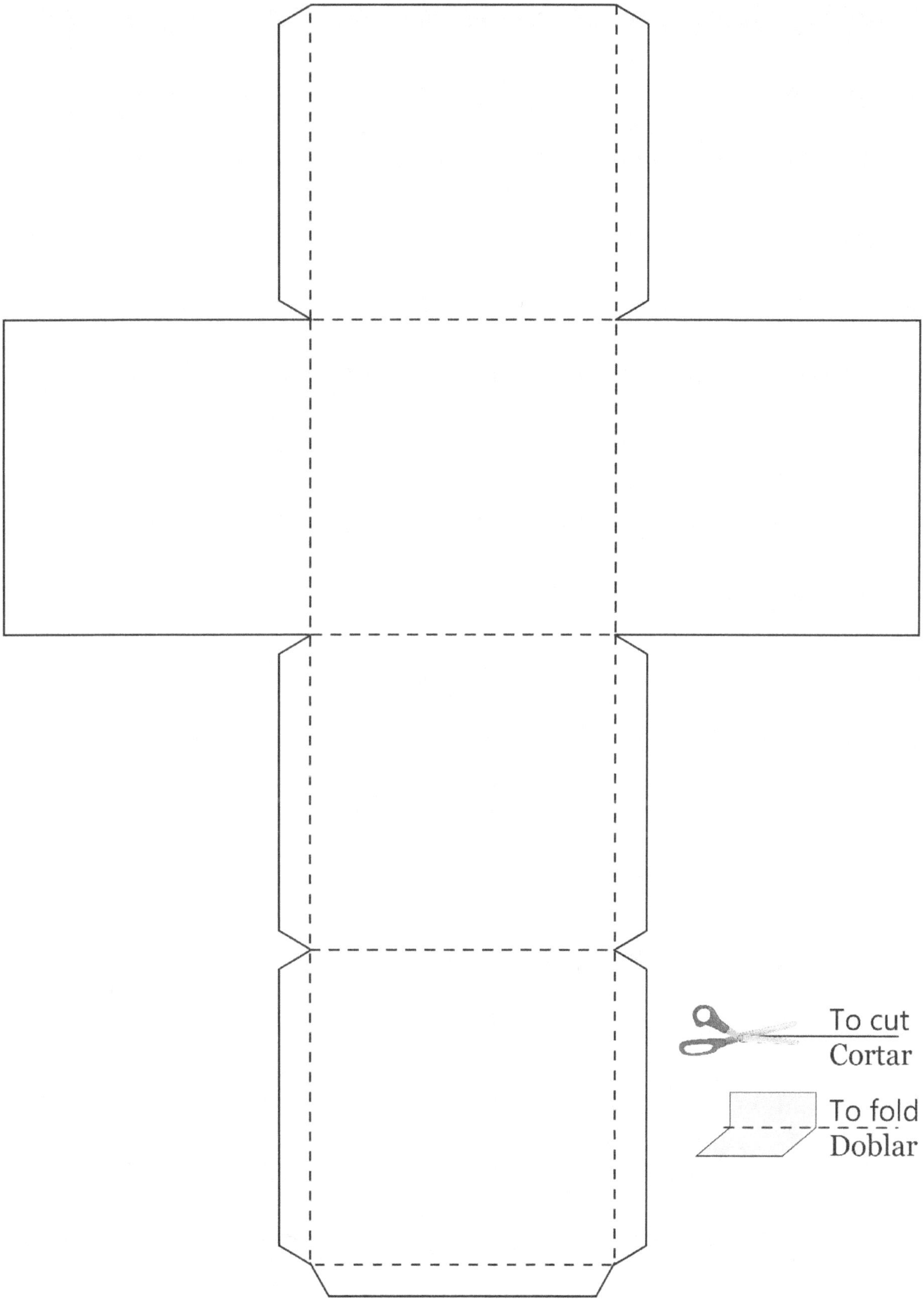

To cut
Cortar

To fold
Doblar

PLATONIC POLYHEDRONS – POLIEDROS PLATÓNICOS

THE OCTAHEDRON

EL OCTAEDRO

The octahedron is constituted by eight equilateral triangles, it has six vertices, twelve edges and eight facets. In Sacred Geometry the tetrahedron symbolizes the Air. Here are the formulas for a regular octahedron whose edges have length "a":

El octaedro está constituido por ocho caras o facetas que son triángulos equiláteros, tiene seis vértices, doce aristas y ocho caras o facetas. En la Geometría Sagrada el tetraedro simboliza el Aire. A continuación las fórmulas para un hexaedro regular cuyas aristas tienen longitud "a":

Face area
Superficie de cada cara
$$A_0 = \frac{\sqrt{3}}{4} a^2$$

Total area
Superficie total
$$A_T = 2\sqrt{3}\, a^2$$

Volume
Volumen
$$V = \frac{\sqrt{2}}{3} a^3$$

Radius of the circumscribed sphere or circumsphere (passing through all the vertices).
Radio de la esfera circunscrita (pasa por todos los vértices).
$$r_c = \frac{\sqrt{2}}{2} a$$

Radius of inscribed sphere or insphere which is tangent to the center of all faces.
Radio de la esfera inscrita (tangente al centro de todas las caras).
$$r_i = \frac{\sqrt{6}}{6} a$$

Radius of the mid inscribed sphere or midsphere (tangent to the midpoints of each edge).
Radio de la esfera media inscrita (tangente a los puntos medios de todas las aristas).
$$r_m = \frac{a}{2}$$

Height
Altura
$$h = \frac{\sqrt{6}}{3} a$$

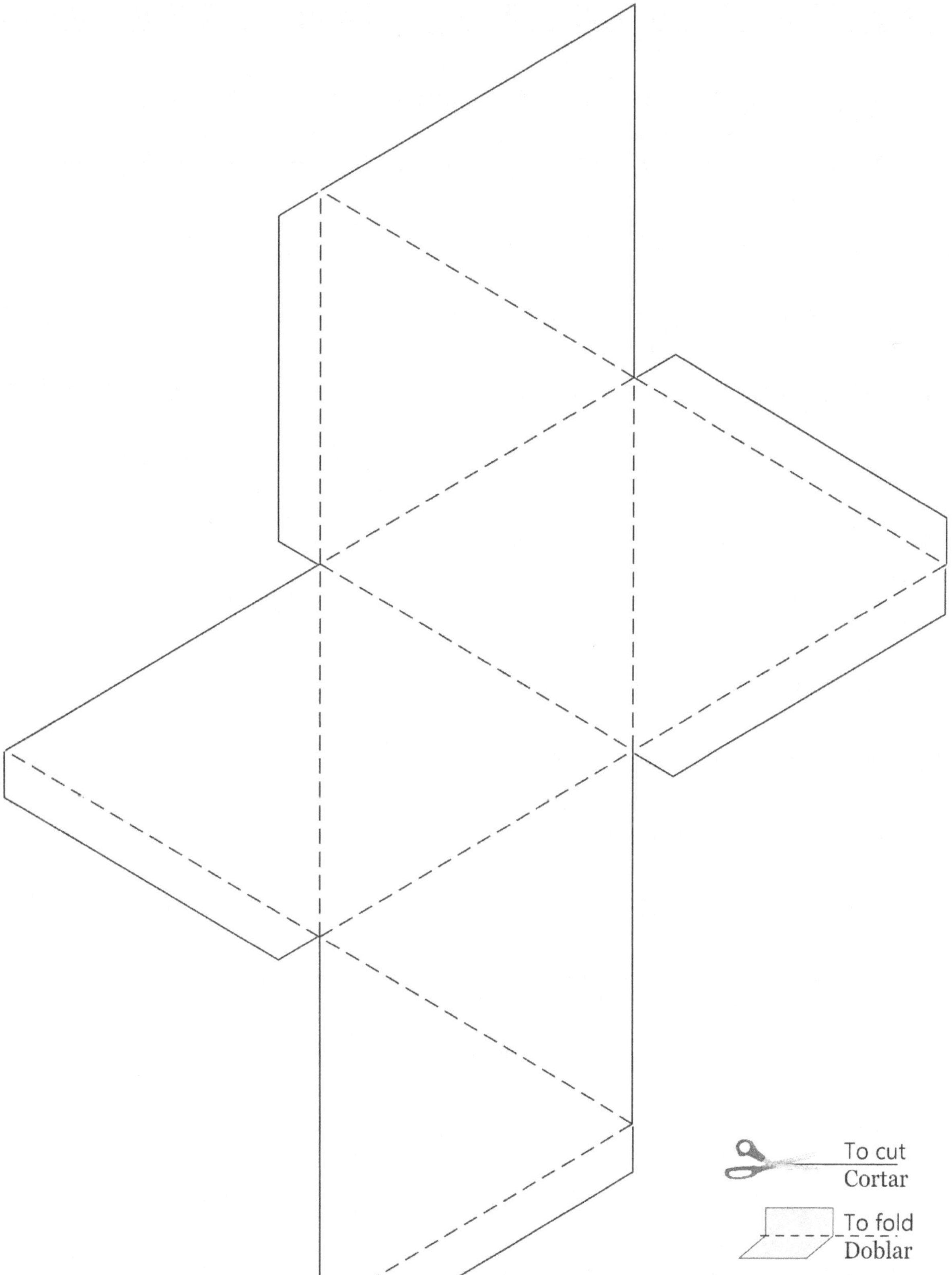

PLATONIC POLYHEDRONS – POLIEDROS PLATÓNICOS

19

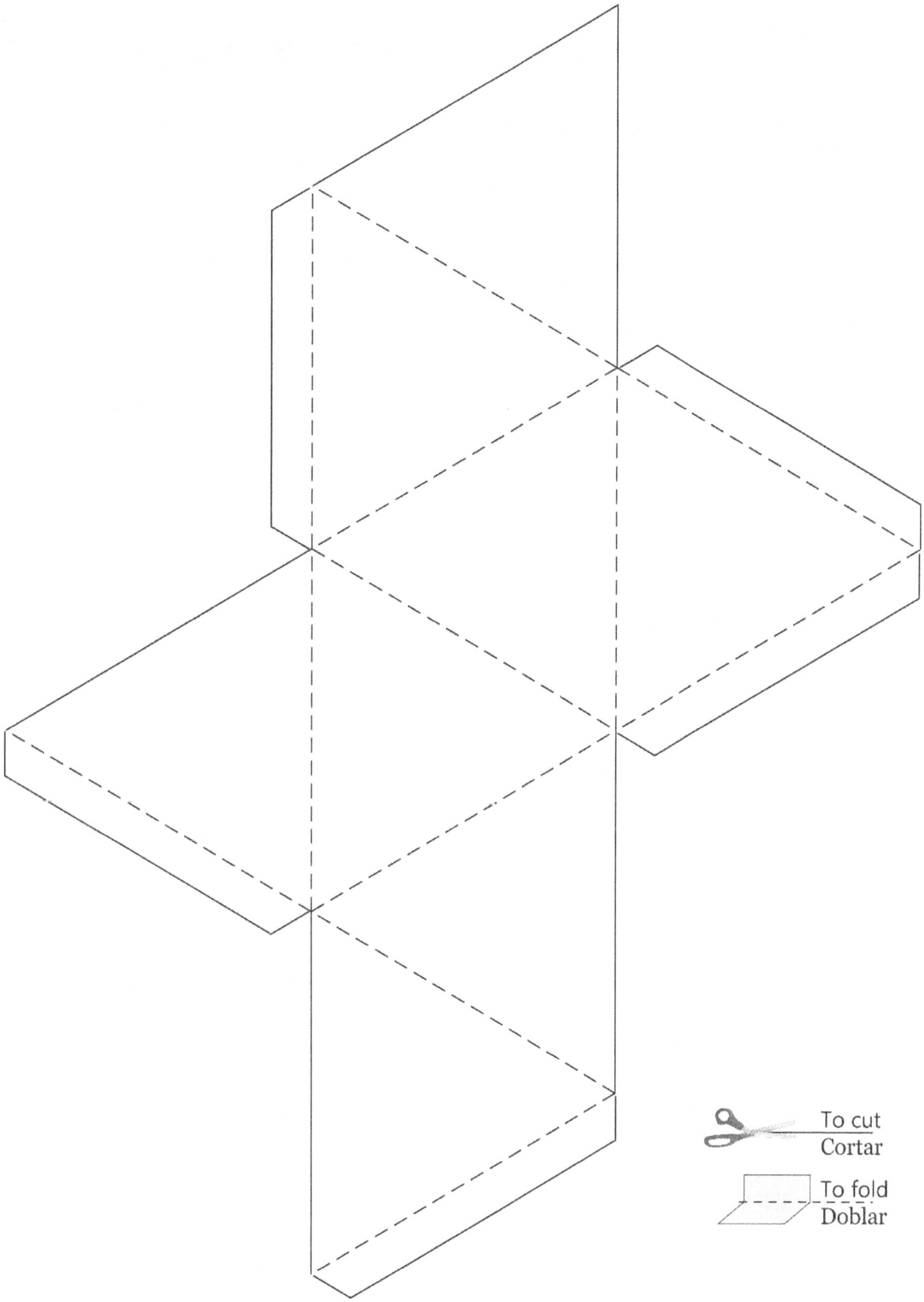

PLATONIC POLYHEDRONS – POLIEDROS PLATÓNICOS   21

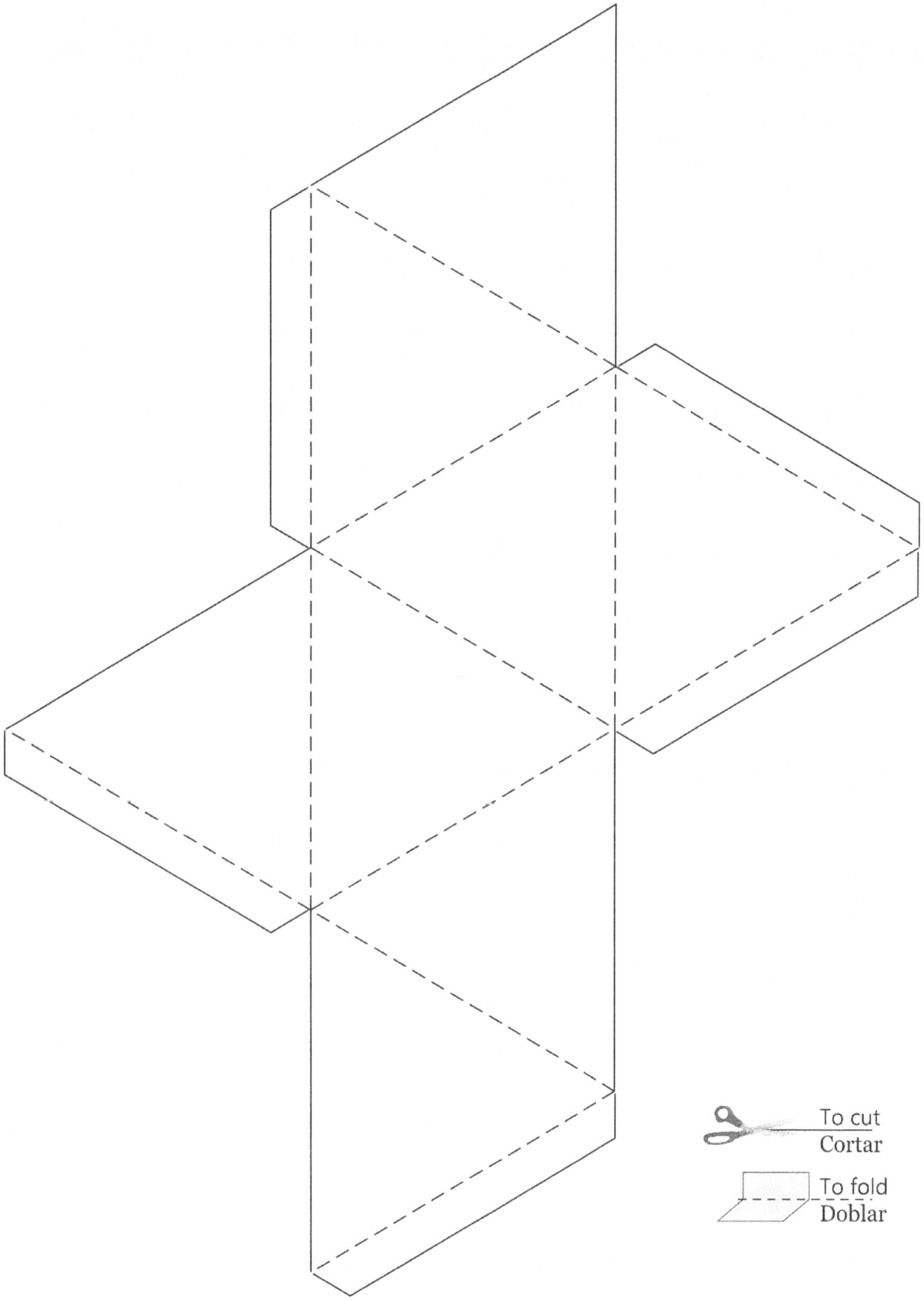

To cut / Cortar
To fold / Doblar

PLATONIC POLYHEDRONS – POLIEDROS PLATÓNICOS

THE DODECAHEDRON
EL DODECAEDRO

The regular dodecahedron is constituted by twelve (dodec) regular pentagons, has twenty vertices, thirty edges and twelve facets. In Sacred Geometry the dodecahedron symbolizes the Universe. Here are the formulas for a regular dodecahedron whose edges have length "a":

El dodecaedro regular está constituido por doce (dodec) pentágonos regulares, tiene veinte vértices, treinta aristas y doce caras o facetas. En la Geometría Sagrada el dodecaedro simboliza el Universo. A continuación las fórmulas para un dodecaedro regular cuyas aristas tienen longitud "a":

Face area
  Superficie de cada cara

$$A_0 = \frac{\sqrt{25+10\sqrt{5}}}{4} a^2$$

Total area
  Superficie total

$$A_T = 3\sqrt{25+10\sqrt{5}}\, a^2$$

Volume
  Volumen

$$V = \frac{15+7\sqrt{5}}{4} a^3$$

Radius of the circumscribed sphere or circumsphere (passing through all the vertices)
  Radio de la esfera circunscrita (pasa por todos los vértices).

$$r_c = \frac{\sqrt{3}}{4}(1+\sqrt{5})a$$

Radius of inscribed sphere or insphere which is tangent to the center of all faces.
  Radio de la esfera inscrita (tangente al centro de todas las caras).

$$r_i = \frac{1}{2}\sqrt{\frac{25+11\sqrt{5}}{10}}\, a$$

Radius of the mid inscribed sphere or midsphere (tangent to the midpoints of each edge).
  Radio de la esfera media inscrita (tangente a los puntos medios de todas las aristas).

$$r_m = \frac{1}{4}(3+\sqrt{5})\, a$$

Height
  Altura

$$h = \sqrt{\frac{25+11\sqrt{5}}{10}}\, a$$

PLATONIC POLYHEDRONS – POLIEDROS PLATÓNICOS

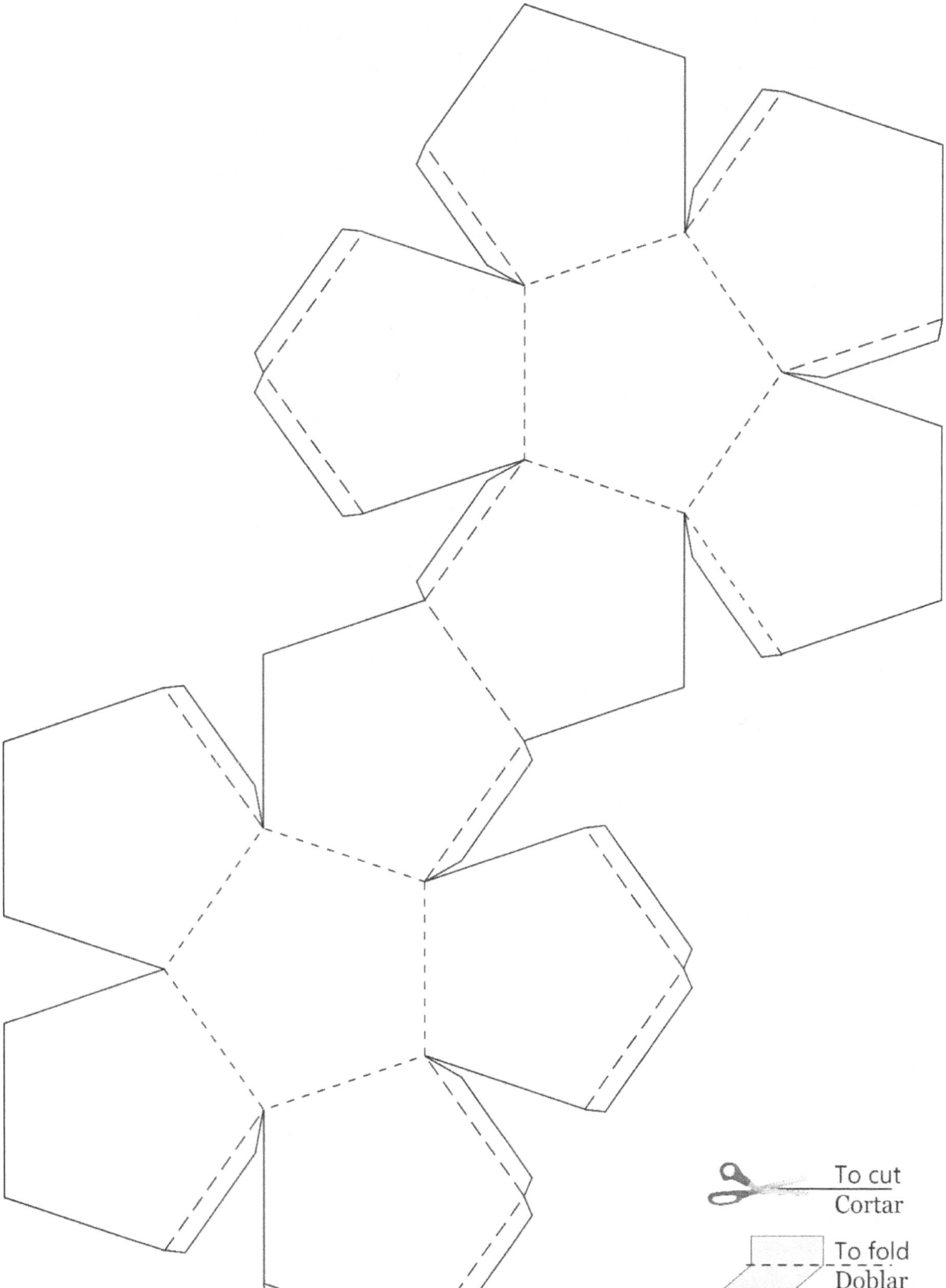

PLATONIC POLYHEDRONS – POLIEDROS PLATÓNICOS 27

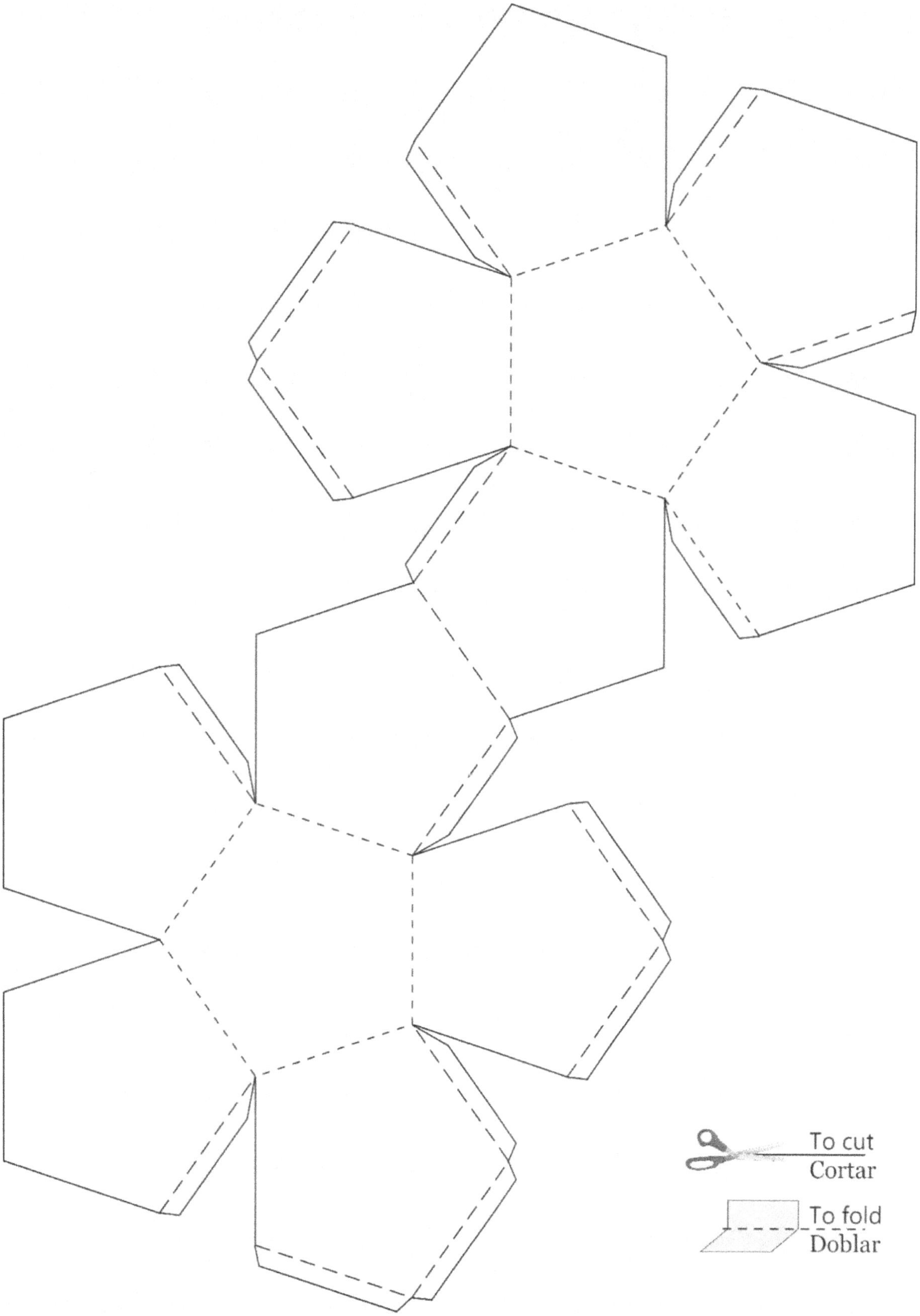

PLATONIC POLYHEDRONS – POLIEDROS PLATÓNICOS

To cut / Cortar
To fold / Doblar

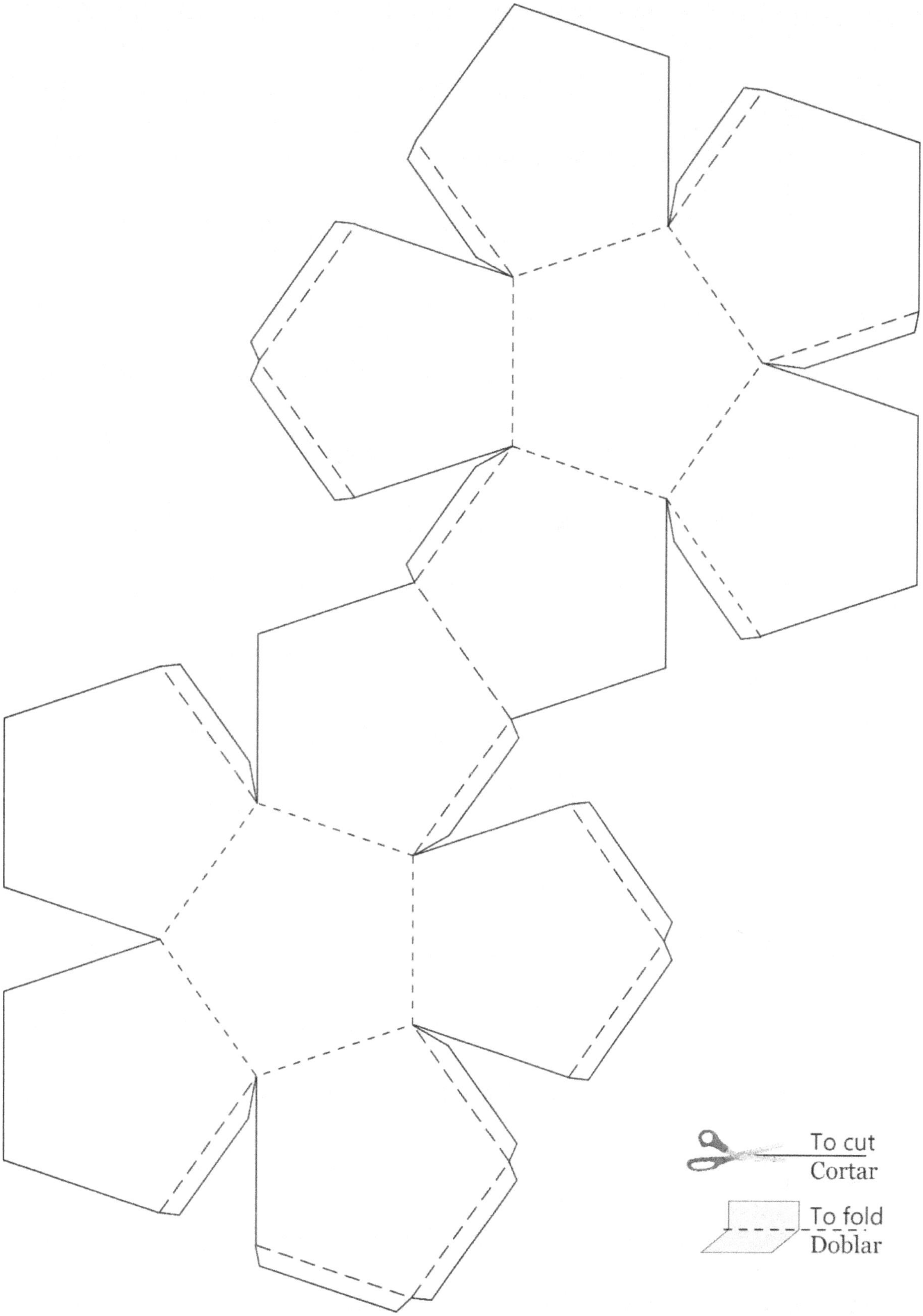

PLATONIC POLYHEDRONS – POLIEDROS PLATÓNICOS 31

THE ICOSAHEDRON

EL ICOSAEDRO

The regular icosaehedron is constituted by twenty equilateral triangles, has twelve vertices, twenty edges and twenty facets. In Sacred Geometry the icosaahedron symbolizes the water. Here are the formulas for a regular icosahedron whose edges have length "a":

El icosaedro regular está constituido por veinte triángulos equiláteros, tiene doce vértices, veinte aristas y veinte caras o facetas. En la Geometría Sagrada el icosaedro simboliza el agua. A continuación las fórmulas para un dodecaedro regular cuyas aristas tienen longitud "a":

Face area
    Superficie de cada cara

$$A_0 = \frac{\sqrt{3}}{4} a^2$$

Total area
    Superficie total

$$A_T = 5\sqrt{3}\, a^2$$

Volume
    Volumen

$$V = \frac{5}{12}\left(3 + \sqrt{5}\right) a^3$$

Radius of the circumscribed sphere or circumsphere (passing through all the vertices).
    Radio de la esfera circunscrita (pasa por todos los vértices).

$$r_c = \frac{(10 + 2\sqrt{5})}{4} a$$

Radius of inscribed sphere or insphere which is tangent to the center of all faces.
    Radio de la esfera inscrita (tangente al centro de todas las caras).

$$r_i = \frac{\sqrt{27} + \sqrt{15}}{12} a$$

Radius of the mid inscribed sphere or midsphere (tangent to the midpoints of each edge).
    Radio de la esfera media inscrita (tangente a los puntos medios de todas las aristas).

$$r_m = \frac{(1 + \sqrt{5})}{4} a$$

Height
    Altura

$$h = \frac{\sqrt{27} + \sqrt{15}}{6} a$$

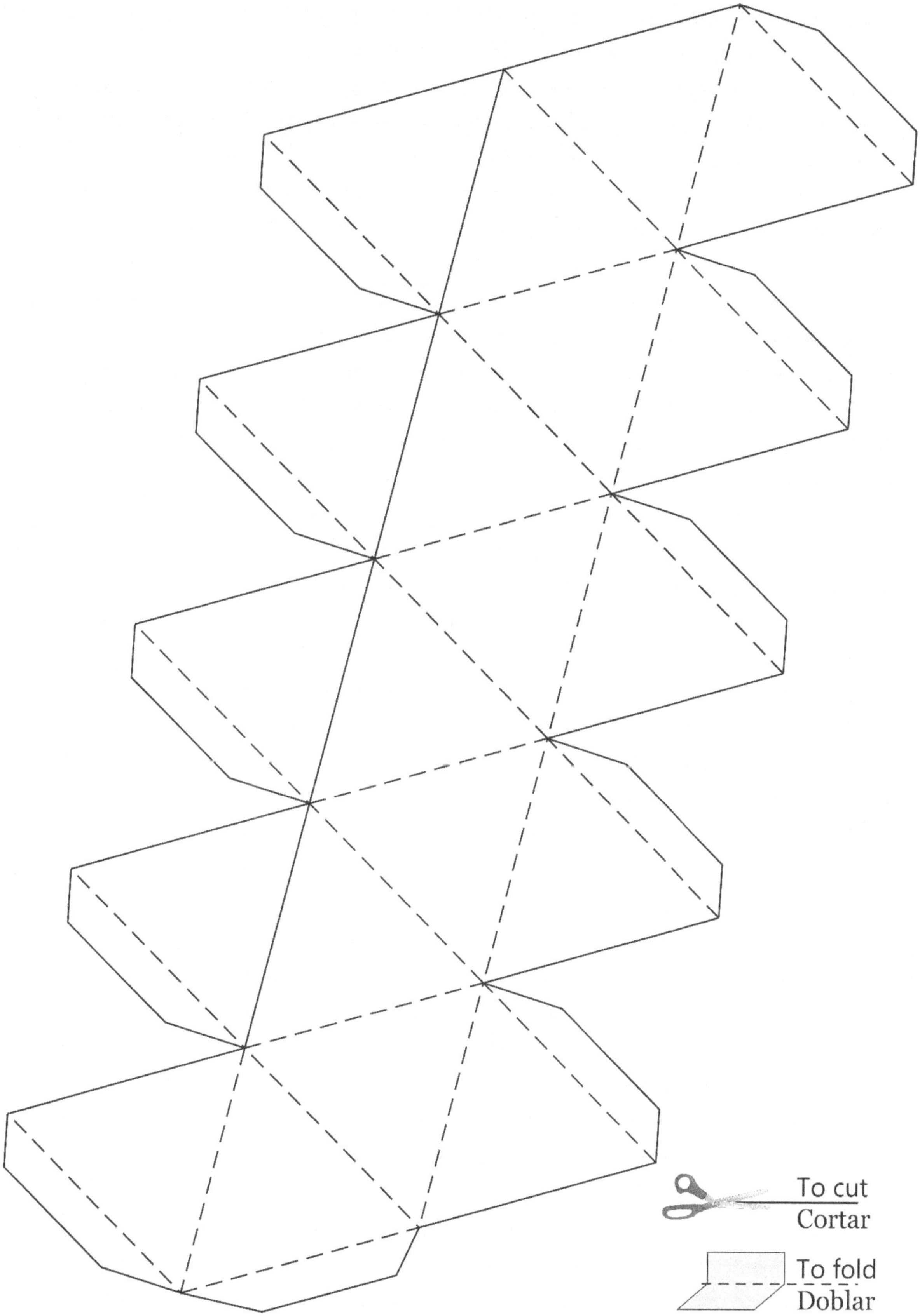

To cut
Cortar

To fold
Doblar

PLATONIC POLYHEDRONS – POLIEDROS PLATÓNICOS

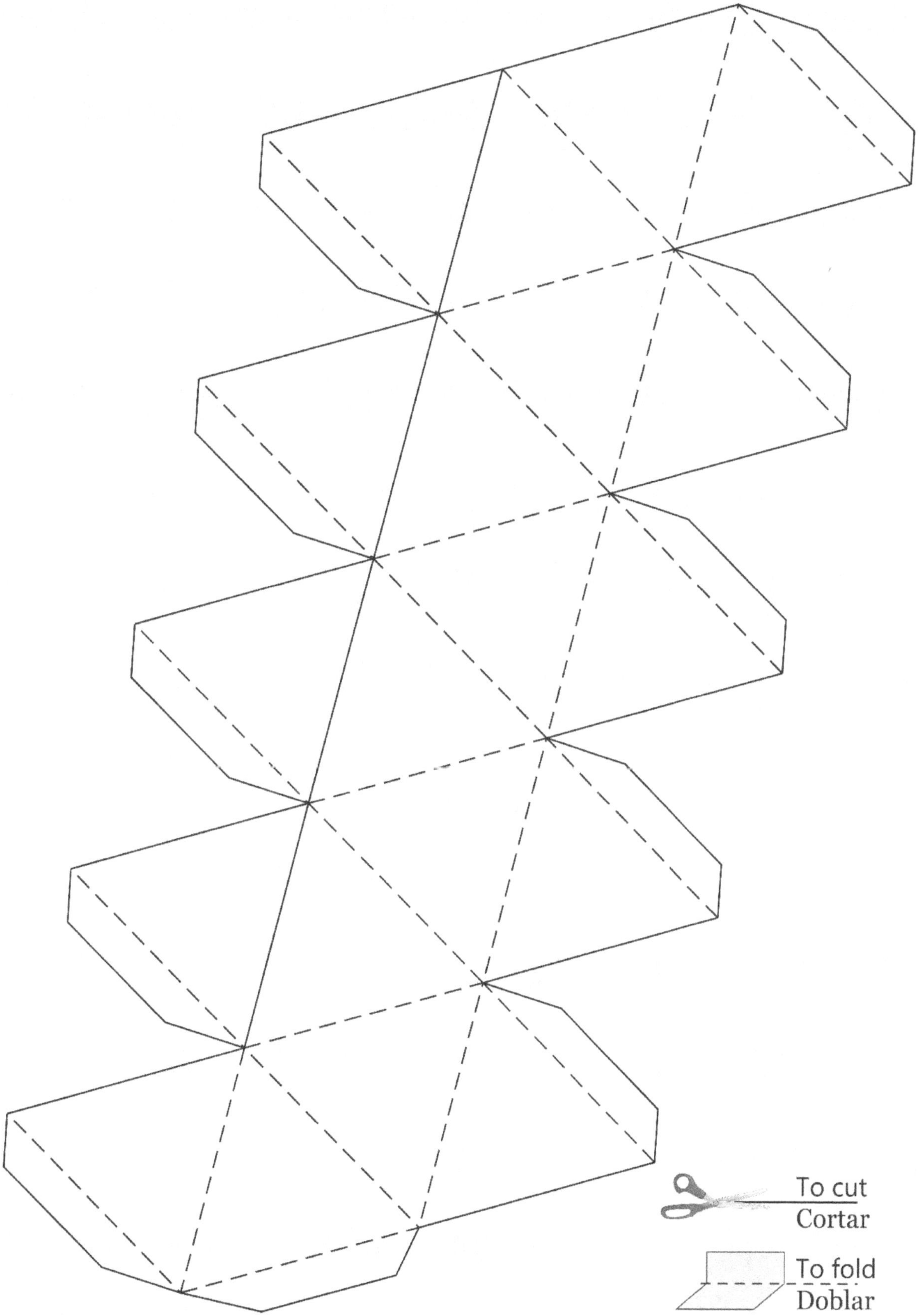

To cut / Cortar
To fold / Doblar

PLATONIC POLYHEDRONS – POLIEDROS PLATÓNICOS

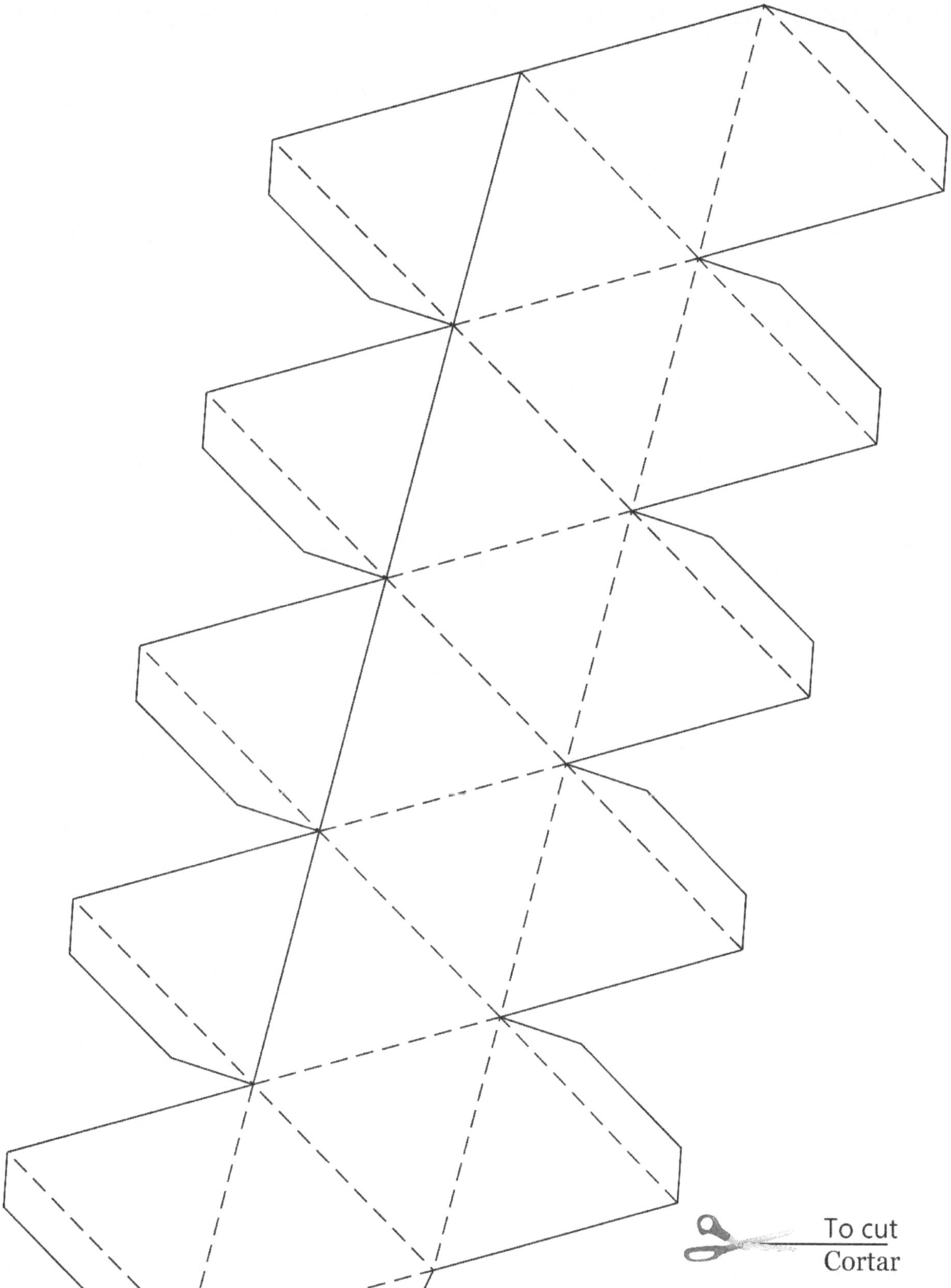

PLATONIC POLYHEDRONS – POLIEDROS PLATÓNICOS   39

A product from

www.ingramcontent.com/pod-product-compliance
Lightning Source LLC
Chambersburg PA
CBHW081123240526
45470CB00019B/2925